最受欢迎的礼物

调查和统计

贺洁 薛晨◎著 范鑫◎绘

数学的萌芽

北京科学技术出版社

六一儿童节

　　每年的六一儿童节，学校都会为同学们准备一份特别的礼物。今年的礼物会是什么呢？

乐！

漫画书？望远镜？滑板车？毛绒玩具？漂亮衣服？还是冰激凌？

听说
小孩都喜欢
这款机器人！

　　收礼物有时候像拆盲盒。美丽鼠去年过生日时想要一款公主化妆台，但收到的礼物里没一件和化妆有关。连开家具厂的叔叔阿姨送的也是一款机器人！

　　学霸鼠呢？前年六一儿童节，他想收到一本《牛津英文词典》，却只收到一个漂亮的……芭比娃娃！

　　为了不再让类似的事情发生，今年倒霉鼠决定叫上同学们一起想想办法。

　　可大家你一言我一语，始终无法达成一致。唉！

调查和
统计

　　鼠老师知道了大家的想法后，建议鼠宝贝们在全校同
学中做一次调查，然后统计出喜欢什么礼物的同学最多。
也许学校会参考这个统计结果，为同学们准备礼物。

漂亮衣服　毛绒玩具　冰激凌　漫画书　滑板车　望远镜

确实可以试试！鼠宝贝们立刻行动起来。

美丽鼠和捣蛋鼠组成一个小组。美丽鼠先把备选的礼物写在黑板上，请每位参与调查的同学从这些礼物中选一个自己最希望得到的。

　　倒霉鼠希望得到一架望远镜，于是捣蛋鼠在望远镜的
上方画了 1 个气球。苍蝇三兄弟都选了漂亮衣服，于是捣
蛋鼠在漂亮衣服的上方画了 3 个气球。

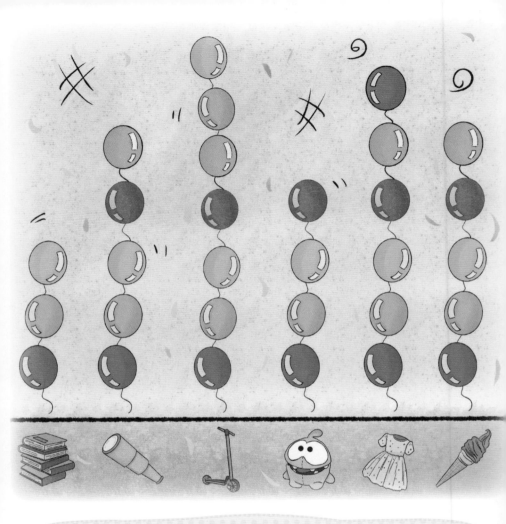

3	5	7	4	6	5
漫画书	望远镜	滑板车	毛绒玩具	漂亮衣服	冰激凌

一下午过去了，美丽鼠和捣蛋鼠一共问了 30 位同学，得到了一组数据。

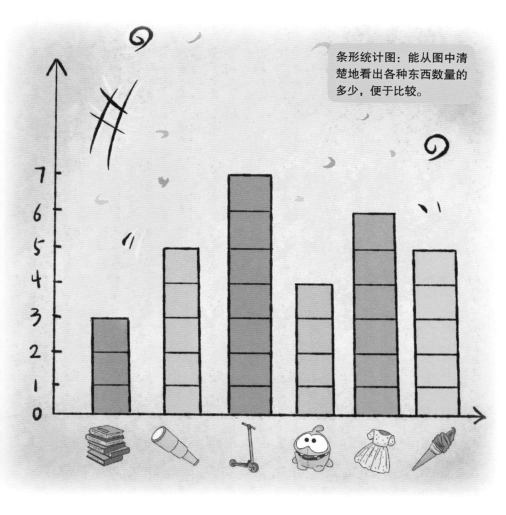

接着，他们用 1 个格子代表 1 个气球，画出了一张条形统计图，从图中可以看出想得到每种礼物的同学的数量。

倒霉鼠和懒惰鼠组成一个小组。懒惰鼠心想："反正也不可能问到学校里的每一位同学。"所以，他们只调查了10位同学。

懒惰鼠真懒啊……

　　他俩在一张纸上画了个大大的圆，然后把这个圆平均分成 10 份，用一种颜色代表一种礼物。这是一张扇形统计图。

　　青蛙班 2 位同学想要冰激凌，倒霉鼠就把其中的 2 个扇形涂成灰色；小松鼠班 5 位同学想要漫画书，懒惰鼠就把其中的 5 个扇形涂成黄色。

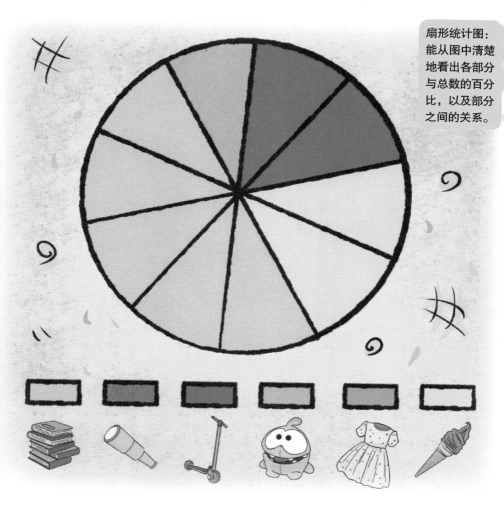

扇形统计图：能从图中清楚地看出各部分与总数的百分比，以及部分之间的关系。

1 位同学想要毛绒玩具，2 位同学想要滑板车。

结果出来了！黄色部分面积最大，占了整个图形面积的一半。10 位同学里有一半都想要漫画书。

　　学霸鼠这几天忙坏了，他分别在 5 月 25 日、5 月 26 日、5 月 27 日这三天各做了一次调查。每次他随机找 10 位同学，让大家在自己喜欢的礼物旁边签上名。

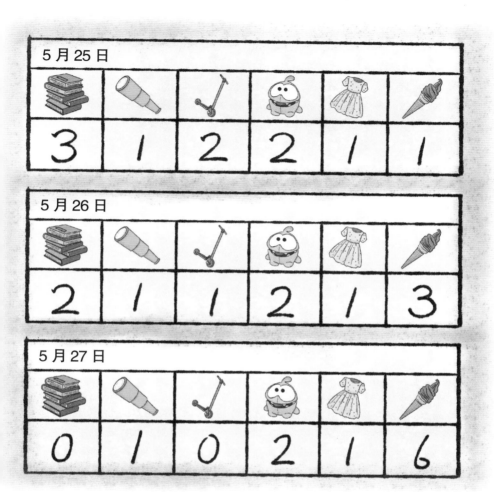

5月25日					
3	1	2	2	1	1

5月26日					
2	1	1	2	1	3

5月27日					
0	1	0	2	1	6

　　他把调查结果整理成 3 张表格，然后从中发现了一个有趣的现象——想得到冰激凌的同学，5 月 25 日只有 1位，5 月 26 日有 3 位，5 月 27 日竟然有 6 位。

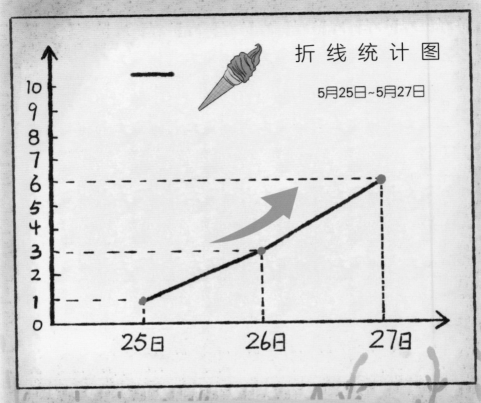

折线统计图：能从图中清楚地看出数量多少，
也能看出数量增减的情况。

　　请教过鼠老师之后，学霸鼠画出了上面这张图，这是折线统计图。他把这张图拿给班上的同学看，大家都陷入了沉思：为什么想吃冰激凌的人变多了？

　　这时，倒霉鼠满头大汗地跑进教室，声音沙哑地说："天气越来越热了，要是现在能吃个冰激凌就好啦！"

　　原来，这几天热了。怪不得冰激凌越来越受同学们欢迎！赶快把统计结果交给鼠老师吧！

　　六一儿童节当天，老师把礼物整整齐齐地摆在桌子上。鼠宝贝们远远地就看到了——漫画书、望远镜、滑板车、毛绒玩具和漂亮衣服。奇怪，怎么没有冰激凌呢？

鼠宝贝们靠近礼物时，突然感觉十分凉爽。

哇，原来这些礼物都是冰激凌！

懒惰鼠咬了一大口"望远镜"，太好吃了！

统计图的妙用

通过调查，鼠宝贝们收集到了很多数据。分析数据时，他们用了不同的统计图。结合故事，你能说出下面分别是什么类型的统计图吗？

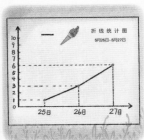

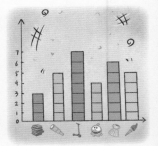

巧做统计图

你知道自己班里的同学们每周读几本书吗？做一个"读书情况大调查"，并选择合适的统计图将调查结果展示出来吧！

24